浪花朵朵

情绪是 26只动物

英国人生学校出版社　编著

宋洋格　译

海峡出版发行集团 | 海峡书局
THE STRAITS PUBLISHING & DISTRIBUTING GROUP

人生学校

情绪是 26 只动物

情绪就像一个个动物，
每个都独一无二。
有的温柔，有的易怒，
还有的难以驯服。

这本书将会展现二十六种
你会感受到的情绪。
它们按照英文字母排序，
从"生气（anger）"排到"热情（zeal）"。

每首诗歌都是富有节奏的指引，
告诉你不同的方式，
去应对每一种
你可能会遇到的情绪。

它还会教你一些生字新词
来增加你的词汇量，
帮你学习
和情绪有关的词语。

掌控情绪
是一项很有用的本领。
有了这项本领，你可以
更聪明、更理智、更充实地成长。

所以翻开书页，走进书中，
和我们一起出发，
在诗歌的动物园里
探索奇异的情绪吧！

生气 Anger

假如生气是一只动物，
它会长着尖牙和利爪，
顶着脏兮兮的鬃毛，甩着毛刺刺的尾巴，
还会张大嘴巴，高声咆哮。

一有事情出错，它就会出现：
当我们的计划出了问题，
玩具有了裂缝，"驯兽师"没了踪影，
或是最爱的趣事遭到了否定。

它露出尖牙开始怒吼：
"不好！""不对！""不公平！"
它只想要这个世界，
没有困难和忧虑。

想让生气离开，就要牢记：
生活不会总是一帆风顺。
我们盼望的事情不一定会发生；
不喜欢的事情却可能会降临。

确实，这让人难过，但这也是关键：
我们正因如此才会愤怒暴躁。
生气是伪装起来的难过，
我们受了伤才会给它松绑，任它出逃。

生活偶尔会让人沮丧，
不论你我，每个人都一样。
所以今后，若是生气又抬起了头，
接受一切，向前走。

无聊 Boredom

假如无聊是一只动物，
它会露着黏糊糊的皮肤，
长着软绵绵的触角、没有骨头的大脑，
还有一根能让人麻痹的刺毛。

当任务看似繁杂、日子显得漫长，
无聊便冲上岸来，
比如汽车长途、学校作业、购物长队、家务杂活，
还有潮湿的秋日周末。

它躺在原地好似漏气的气球；
全身瘫软，嘶嘶地吐露怨言：
"我们到了吗？""这样可以了吗？"
"我无聊得快要昏倒啦。"

它会用刺毛扎我们每一个人，
（是的，大人也会感到无聊！）
有时我们必须要容忍
那单调乏味的时刻。

但是也不要忘了倾听内心，
因为无聊只是一个讯息，
它在告诉我们什么是不喜欢的事情，
什么是更想做的事情。

想把它送回大海里，
就听听它的声音，
还要试试以后把时间交给
更让你愉悦的事情……

好奇 Curiosity

假如好奇是一只动物，
它会长着墨玉般的尖喙、
宝珠般的眼睛和乌黑的翅膀，
还有一对纤细、干净的爪子。

它爱好叨啄谜题——
那些它不知晓的事情。
它想找出所有问题的答案
来把自己的知识扩展。

它让我们求知若渴，
总想明白更多的道理：
"飞机为什么能飞？""草为什么是绿色的？"
又或是"耳垂有什么用处？"

我们对新鲜的事物如痴如醉，
那些都是地球的秘密。
我们全神贯注地了解事实与重要的日子，
因为它们的价值而加倍珍视。

优秀的人总是好奇的，
你看那最聪明的人和最有趣的人，
他们深知学习的意义，
并且明白学无止境。

你应该搜寻更多的东西
去喂养自己的好奇，
因为万事万物都如此有趣，
只要你看得够近够仔细。

白日梦 Daydreaming

假如白日梦是一只动物，
它会住在树林里，
一边凝望着陆地和天空，
一边又记不得自己看到了什么。

当我们任凭注意力漫游时，
它就懒洋洋地待在一边；
当我们创造、想象、深思时，
它便忘却了时间。

我们或许会说自己在冥思苦想，
又或许，我们只是心不在焉。
我们放飞慵懒的思绪，
让它们肆意飘扬。

一些大人不喜欢白日梦，
他们更希望我们努力学习。
他们认为遐想会让我们无法顾及
我们手头重要的事情。

但是白日做梦也是一种学习：
它帮助我们将大脑放空，
让那些只成形了一半的主意
可以变得清晰。

每天让自己做一次白日美梦，
看看你能想到些什么。
你还可以写下闪现的灵感，
看看会有什么发现。

尴尬 Embarrassment

假如尴尬是一只动物，
它会身披刺鳞外衣，
每当觉察到他人的目光，
就会鼓成两个自己那么大。

当我们成为焦点
或是无处可逃时，尴尬就会膨胀：
可能我们错把老师喊成了"妈妈"，
或是不小心让食物弄脏了衣裳。

它让我们为自己做的傻事
感到狼狈不堪，
或是因为别人注视的眼神
还有咯咯的笑声而无地自容。

别人看上去是那么自信，
胸有成竹又意气风发，
可我们自己却如此窘迫，还有些笨拙，
好像一个跌跌撞撞、笨手笨脚的傻瓜。

但真相是：每个人都一样。
我们本质上都是傻瓜。
我们只是没有了解彼此的想法，
看不见对方笨拙的模样。

为了减轻尴尬，
我们应该笑对自己的缺点，
大方地承认自己全部的脆弱，
用自嘲的方式与它对话。

害怕 Fear

假如害怕是一只动物，
它会长着四只灵活的脚丫、
两只竖直的耳朵、一截颤抖的尾巴，
还有两颗硕大的门牙。

当危险从天而降，或是我们感到
威胁就在身旁时，害怕就会打洞躲藏，
比如灯光熄灭、怪声作响，
还有前途一片渺茫。

我们会说自己是因为
可能发生的事而心慌意乱，
又因为我们可能会受伤、
崩溃或感到难堪而惴惴不安。

世界或许很可怕，
而我们还只是孩子；
为可能降临的危险而害怕，
既自然又正常。

可是有时害怕长得太大、
把洞挖得太深。
它让我们无法享受人生，
让我们难受，在深夜辗转反侧。

克服害怕最好的办法
是把它介绍给我们信任的人。
因为每个人都会害怕，
分担能让我们将情绪调整。

愧疚 Guilt

假如愧疚是一只动物，
它会眼神躲闪、
耳朵下垂，慢吞吞地拖着爪子，
发出呜咽与哀叹。

它低下脑袋是因为我们犯了错
并从心底知道自己错在哪儿。
比如我们偷了东西、坏了规矩，
还有作了弊、伤了人、说了谎话。

它让我们对自己
做过的事情而自怨自艾，
或是对给朋友与爱人
造成的伤害而羞愧不已。

有时愧疚是有用的，
它帮助我们完善自己：
避开不该做的，
选择应该做的。

而太多的愧疚却没有必要，
尤其当它变成了自我厌恶。
我们也该记得对自己宽容：
原谅自己的错误。

我们都会偶尔犯错
（这就是我们的一部分）。
愧疚或许可以修正过错，
可是宽容也能有这个效果。

快乐 Happiness

假如快乐是一只动物，
它会扇动金色的翅膀，
全世界都兴奋地倾听
它那欢天喜地的歌唱。

它在欢愉的日子里到处做客：
当我们被赞美、善待、拥抱
或是感觉心安与被爱，
它便从高枝飞身而来。

我们倾听它的欢歌笑语，
欣赏它演奏的动人旋律。
然后定睛一看，哎呀！
它却已经不见了踪影。

快乐是那么反复无常，
它来过片刻就要离开，
上一分钟它还栖息在我们的身边，
下一分钟它——啊，谁知它又要飞往何方？

我们渴望把它抓进笼子，
这样就能将它永远留在身旁。
但当它遇到稍显低落的情绪，
就会忍不住展翅离去。

它在时我们心怀感恩，
它离去时也不必过分挂怀。
总有一天它还会回来，
用歌声将我们的心填满。

不安 Insecurity

假如不安是一只动物，
它会戴上塑料防护项圈，
避开别的动物
以及它们的嘲笑与抱怨。

当我们开始在自己身上找麻烦，
不安便发了芽：
比如我们不喜欢自己的发型、穿搭、
体重、肤色和身高。

你可能会说自己自卑怯懦，
也可能觉得自己逆来顺受。
曾经你勇敢无畏，现在却腼腆害羞；
曾经你强壮有力，现在却弱不禁风。

我们对自己的评价总在变化，
每一天都会有新的看法。
"自我怀疑"会轻易混进，
"担心"也会变得洋洋得意。

可是在别人眼里，
我们的价值其实十分稳定。
朋友会记得我们真正的价值，
即便当我们力不从心。

想摆脱心中的不安，
就要牢记上一段提到的道理。
用朋友的双眼审视自己，
也要记得永远有人爱着你。

嫉妒 Jealousy

假如嫉妒是一只动物，
它会长满翠绿的鳞片，
盘起身体，吐着长长的芯子，
摇摆尖锐的尾巴。

当别人拥有我们想要的东西，
它便迂回迫近：
它眼红时髦的鞋子、新款的手机，
还有别人表现出色换来的夸奖和鼓励。

它让我们对无法拥有的事物
暗暗地垂涎欲滴，
还因为朋友或敌人看似幸福
而妒火中烧、愤愤不平。

嫉妒是丑陋的怪物，
也是十分常见的猛兽。
因为审视自己，并渴望
自己缺乏的事物，这很正常。

嫉妒展现了
我们最深的渴望：
那些隐藏的愿望和秘密的梦想
都能将妒火烧旺。

记下那些让你感到嫉妒的事物，
把它们当作生活的导航，
去规划想要的人生，
找到自己希望的道路。

善良 Kindness

假如善良是一只动物，
它会嗡嗡飞翔，东奔西忙。
它为大家传播花粉，
永远都是那么古道热肠。

当我们发现有人遇到困难，
并想用体贴的言语和行动
给予对方有用的帮助，
善良就会嗡嗡飞舞。

我们可能把它叫作仁爱慈善、
利他主义或是恻隐之心，
也就是用怜悯和博爱
来把和我们一样的人友善对待。

善良来源于移情共鸣，
也就是能够意识到
如果我们用别人的双眼看待世界
会有什么样的感想。

想想，我们若是对方，会觉得
他们的伤感有多难挨。
想想，我们会如何感恩
一个拥抱或一句夸赞。

善良是稀有的宝藏
（至少与憎恨相比）。
所以请随时随地传播善良，
让它不断生长。

孤单 Loneliness

假如孤单是一只动物，
它会悄悄滑进深渊。
没人听到它寂寞的歌声，
也没有人在它身边陪伴。

当我们独处时它就开始呻吟，
有时我们甚至不是独自一人，
比如和一群不理解自己的人在一起
会觉得自己好像很多余。

我们感觉被拒之门外，被嗤之以鼻，
觉得自己微不可察，被视而不见。
仿佛心里破掉了一块，
让我们怎么也融不进他人之间。

大多数人永远都不能了解我们。
他们只能看到我们的表面，
却永远瞥不见我们的内在，
因此我们才会觉得孤单。

只有少数人
可以完全懂得我们：
或许是兄弟姐妹，或许是最好的朋友
（最亲近的那一两个）。

他们知道我们的癖好、错误和梦想，
正是这些东西把我们变成了"我们"。
所以去寻找这些人的陪伴，
只有这样才能让孤单消散。

忧郁 Melancholy

假如忧郁是一只动物，
它会让自己沉浸在泥潭里，
思索悲伤和忧虑的事情，
还有糟糕至极的困境。

它与伤心有些相似，
但又不完全一致。
它是伤心里掺了理智的遗憾；
是伤心但没有怨怪。

这是我们说的苦乐参半：
苦是因为有些事情让人心烦；
乐是因为我们明白，
这是万物都会经历的阶段。

生活难免有彻底的悲伤憔悴，
因为心灵会瞬间崩溃。
友情走向终点，人类有残酷的一面；
我们都会痛苦，也都会感到厌倦。

我们不是在为自己伤悲，
而是为生活中的一切感叹：
这是我们面对充满争端的世界时
表现出的理智应对。

如果生活看上去很残酷，就想一想
世间万物承受着同样的苦楚。
记住这一点，
把伤心转化为理智的忧郁。

29

淘气 Naughtiness

假如淘气是一只动物，
它会喋喋不休、大喊大叫、
扮着鬼脸、乱扔食物，
到处捣鬼又添乱。

它总是飘来荡去，大声吵闹，
反对着包围我们的规矩：
"把衬衫塞好！""把蔬菜吃掉！"
"不要戴着那个去学校！"

它可以被称作古灵精怪，
也能被叫作离经叛道：
它是一种愿望，
可以随心所欲，不用墨守成规。

有时打破规矩也是件好事：
一丁点的淘气
可以让我们免于古板、
保守和道貌岸然。

但是当它变得过分
或让别人头疼，
它就不再理性、不再有趣，
反而成了最不合时宜的东西。

所以这样的情绪如果再次产生，
要确保你考虑到了所有的后果：
你会不会成为浮夸的傻瓜？
会不会伤害到你尊敬的人啊？

着迷 Obsession

假如着迷是一只动物，
它会打造无止境的堤坝，
整日都勤奋地劳作，
啃出更多拦水的木头。

当我们为一个人或一件事而沉迷不已，
它就开始啃咬：
或许是为了我们心仪的男生或女生，
又或许是我们无比珍惜的兴趣爱好。

我们牵肠挂肚、念念不忘，
灵魂也开始走火入魔。
除了正在沉迷的事情，
别的我们什么都不会想。

我们想得越多，
实际上反而做得越少。
我们只是在幻想、思索，
垂涎于我们缺乏的东西。

当我们的计划和方案只是梦幻，
那情况会变得有害；
我们会从冰冷的现实悬崖
跌落、失败。

到那时着迷就会变成痛苦，
但也不是毫无用处：
它暴露了我们最深的渴望，
哪怕我们未能如愿以偿。

恐慌 Panic

假如恐慌是一只动物，
它会到处乱跑、
手忙脚乱，
发出惨叫和哀号。

当问题显得复杂棘手，
它会慌忙跳脚。
我们压力太大，难以前行，
于是变得畏手畏脚。

我们把这叫作惊慌失措
或是方寸大乱。
内心只剩想象中
一定会发生的灾难。

可是即便情况看上去很艰难，
我们也不该轻易慌乱，
而是要静下心来思考，
现实中应该怎么办。

哪怕真的出了差错，世界也不会进入末日，
天空也塌不下来。
我们或许会遇到障碍，
但也能找到解决方案。

如果事情变得糟糕，
我们也能想到办法：
你比你以为的更加坚强，
而这个事实就蕴藏着希望。

好斗 Quarrelsomeness

假如好斗是一只动物，
它会长着一对弯弯的犄角，
低着头径直撞向
心里讨厌的对象：

弄乱我们房间的姐妹，
到处搞破坏的兄弟，
恶语相向的同学，
以及让我们失望的爸爸妈妈。

有时它也被叫作逞强好胜，
又或是争长论短：
我们只会大叫而不会柔声细语，
只想争论却忘记包容宽恕。

争斗是无能的辩解，
是偏离轨道的对话。
我们无法用言语表达自己，
于是只能用武力应对。

我们害怕变得软弱，
不愿承认自己受了伤，
反而选择用辱骂（或拳头），
去躲避和转移伤害。

比起争斗，为什么不选择
解释你的感受？
坦诚地说出自己的伤痛，
可以帮助你愈合伤口。

懊悔 Remorse

假如懊悔是一只动物，
它会垂下皱巴巴的鼻头，
愁容满面、眉头紧锁，
心情总是很沉重。

我们一想到以前的错误
并想一一修正时，它就会现身。
我们会想，如果能够重来，
会做出怎样不同的选择。

我们对自己的过失追悔莫及，
幡然醒悟又懊丧不已。
回想曾经的错误，
会让我们在夜里合不拢眼皮。

可是没人能拥有完美的人生。
人人都会犯错误，
所以不要总想着那些
自己没有选择的道路。

我们的过错不可撤回，
但可以被弥补，
只要你不把它们当作悲剧，
而是从中学习道理。

懊悔的瞬间
包含着我们要吸取的教训。
它们或许不讨人喜欢，
却是我们需要的东西。

害羞 Shyness

假如害羞是一只动物，
它会到哪里都拖着自己的壳，
这样它一感到力不从心，
就有地方可以藏起自己。

它会努力躲、往回爬，
因为遇到的人
看上去奇怪又陌生，
让人不敢开口说话。

你可以把它叫作含羞带怯，
有时也可以说是忸怩不安：
我们担心自己的想法
过于格格不入，不能与人合拍。

我们有时会偏执于某个外在特点
（比如年龄、性别或种族），
然后把它夸大，让它仿佛
至关重要而无法替代。

可是，即便我们的外在不尽相同，
内在却十分相像。
同样的兴奋、希望和恐惧
埋藏在每个人的心里。

想把害羞变成自信，
记住这条真理：
所有陌生人在心里
都和你一样害羞和迟疑。

平静 Tranquillity

假如平静是一只动物，
它会无声地站立或吃草，
用沉静温和的目光
注视着远方。

我们也叫它清心寡欲，
或是感觉自己心如止水：
在这样的时刻，我们没有杂念，
所有的忧虑也没了踪影。

这样的时刻很少来临：
我们生活的步伐太过快速，
几乎不能给自己
足够的时间整理思绪。

有些环境可以让我们平心静气：
黎明时雾气笼罩的田地，
深夜时白雪皑皑的花园，
还有暖意洋洋的火炉旁边。

我们还可以放下
让人烦恼的杂念，
比如不该做的错事
和不得不做的作业。

想要更加平静，就要专注于
此时此刻的欢欣：
草地的芳香、鸟儿的歌唱，
还有吹上眉间清风的凉爽。

犹豫 Uncertainty

假如犹豫是一只动物，
它会不断切换色彩，
从红到绿，由黑变蓝，
再换成亮黄，又逐渐变暗。

当我们备受困扰，
无法下定决心时，它就会变换颜色。
我们总被要求做出选择，
可我们往往会摇摆不决。

我们会说自己优柔寡断，
对事情模棱两可，总是茫无头绪。
我们背负的任务
只剩下看清未来。

我们推测可能会发生的事情，
通过这样来做决定，
并希望一切都可以
顺心遂意。

可是未来是一片多变的土地，
我们无法控制它的形状。
生活充满无限可能，
我们不能将其一一预测。

与其追逐十拿九稳，
不如与踌躇不定达成和解。
相信无论发生什么事情，
我们都能看到最好的一面。

脆弱 Vulnerability

假如脆弱是一只动物，
它会身披红底黑点的外衣，
个头娇小，能被
所有比它大一点的东西轻易碾碎。

当我们受伤或沮丧时，
它便匆匆飞来。
狂风吹过，
就让我们羸弱不堪。

我们可能会说自己脆而不坚，
又或是不堪一击。
我们正在卸下防备，
敞开自己的心扉。

木棍和石头纵然能让我们粉身碎骨，
可残酷的言语更加让人痛苦。
我们可能要花上好几年，
才能让情绪的伤痛变淡。

有些大人会告诉我们"算了吧"
"勇敢点就能战胜它"，
却不明白更勇敢的行为
是承认自己的脆弱。

脆弱并不可耻，
其实你还可以引以为豪：
这是你拥有同情心的
最有力的证据。

担忧 Worry

假如担忧是一只动物，
它会时刻保持警觉，
总留着一只眼睛提防着
庞大骇人的捕食者。

我们往往会担心
自己无法避免的事情
（比如看牙或考试），
其中的变化我们都难以控制。

当担忧停留得太久，
就会变成坐立不安，
也就是无时无刻不在焦虑，
一秒都不能停。

尽管担忧起起落落，
焦虑却在持续前进，
给我们的每分每秒，
都打上它有毒的烙印。

因此最好尽早除去担忧，
趁它还没有长大。
想让担忧还原到最初的尺寸，
就要正确看待它。

想让担忧止步于萌芽时期，
你就要大声喊出担心的事情。
这样做，你才能看清，
它其实也没有那么致命。

激动 Excitement

假如激动是一只动物，
它永远都不能安分地坐着。
它欢笑奔腾、耍闹雀跃，
满怀纯粹又强烈的兴奋感觉。

当我们被临近的好事点燃，
激动就会四处嬉戏：
聚会、礼物、冰激凌、蛋糕，
这些快乐都将来到。

我们也会把这叫作心潮澎湃、心花怒放，
或是激情四射、欣喜若狂。
我们对未来爆发出了
满满的希望。

大多数的激动来了就走，
但有些激动会长留心中：
它被我们称为激情，
这样的情感最为深远长久。

这种情感教会我们如何生活，
并告诉我们生活的理由。
它为我们指明了应该追寻的目标，
告诉我们该往哪里走。

所以列出最让你满足的
激动之事，
把它们纳入规划，
充实自己的生活吧！

奢望 Yearning

假如奢望是一只动物，
它会随潮汐漂流，
永远希冀着，
不被认可的快乐。

奢望就是去追求
我们明知自己永远无法获得的东西：
一样买不起的物件，
一张为人所知的精致的脸。

我们翘首以待又望洋兴叹，
只为我们珍爱的一切。
可同时，我们心中也明白，
这些都无法实现。

因为奢望是生命的真相：
活着的意义就是去渴望。
每个人的心中都在燃烧
得不到满足的火苗。

面对那些持续太久的渴望，
最好的宽慰方式就是创作：
把心中的痛苦化作
一首小诗、一首歌。

所以不要任由奢望结不出果实，
而要尽可能利用心中的感伤。
抓住它燃烧着的火苗，
把它变成艺术的光芒。

热情 Zeal

假如热情是一只动物，
它会不知疲倦地工作：
收集树叶和昆虫，
填满自己的小窝。

我们最有热情的时刻往往是
觉得一项工作、任务或行动
充满了意义——或者说
我们干脆没有把它当成工作。

我们把这叫作一心一意、孜孜不倦
或是斗志昂扬。
我们觉得可以一直这样奋斗
直到老去，甚至直到生命的尽头。

最有意义的事情
会让我们乐于坚持，
会为别人带去幸福，
或减少他人的痛苦。

人类是社会动物，
会在生活中帮助自己的同类，
创造、开展或努力完成
可以给心灵带来安宁的事业。

为了找到发挥热情的出口，
想一想别人的需求，
独辟蹊径，
亲自将它们一一践行。

图书在版编目（CIP）数据

情绪是 26 只动物 / 英国人生学校出版社编著 ; 宋洋
格译 . -- 福州 : 海峡书局 , 2025.1（2025.4 重印）
（人生学校）
书名原文 : An Emotional Menagerie
ISBN 978-7-5567-1222-9

Ⅰ.①情… Ⅱ.①英…②宋… Ⅲ.①情绪—自我控
制—少儿读物 Ⅳ.① B842.6-49

中国国家版本馆 CIP 数据核字 (2024) 第 105363 号

著作权合同登记号 图字：13-2024-021 号
AN EMOTIONAL MENAGERIE: Copyright © 2020 by The School of Life

本书中文简体版权归属于银杏树下（上海）图书有限责任公司

情绪是 26 只动物
QINGXU SHI 26 ZHI DONGWU

编 著 者：英国人生学校出版社
译　　 者：宋洋格
出 版 人：林前汐
选题策划：北京浪花朵朵文化传播有限公司
出版统筹：吴兴元
编辑统筹：尚　飞
责任编辑：廖飞琴　俞晓佳
特约编辑：王晓晨
装帧制造：墨白空间·李　易
营销推广：ONEBOOK
出版发行：海峡书局
社　　址：福州市白马中路15号海峡出版发行集团2楼
邮　　编：350004
印　　刷：河北中科印刷科技发展有限公司
开　　本：889mm × 1040mm　1/16
印　　张：3.75
字　　数：10千字
版　　次：2025年1月第1版
印　　次：2025年4月第2次印刷
书　　号：ISBN 978-7-5567-1222-9
定　　价：36.00元

读者服务：reader@hinabook.com 188-1142-1266　　投稿服务：onebook@hinabook.com 133-6631-2326
直销服务：buy@hinabook.com 133-6657-3072　　官方微博：@浪花朵朵童书